BEI GRIN MACHT SICH IHR WISSEN BEZAHLT

- Wir veröffentlichen Ihre Hausarbeit, Bachelor- und Masterarbeit

- Ihr eigenes eBook und Buch - weltweit in allen wichtigen Shops

- Verdienen Sie an jedem Verkauf

Jetzt bei www.GRIN.com hochladen und kostenlos publizieren

Sven-David Müller

Aktuelles aus Diätetik, Ernährungsberatung und Ernährungsmedizin

Band 3

Artikel Zimt hilft Diabetikern

Zimtextrakt senkt den Blutzucker bei Typ 2 Diabetikern

GRIN Verlag

Bibliografische Information der Deutschen Nationalbibliothek:

Die Deutsche Bibliothek verzeichnet diese Publikation in der Deutschen National-
bibliografie; detaillierte bibliografische Daten sind im Internet über http://dnb.d-
nb.de/ abrufbar.

Impressum:

Copyright © 2010 GRIN Verlag GmbH
Druck und Bindung: Books on Demand GmbH, Norderstedt Germany
ISBN: 978-3-656-61106-6

Dieses Buch bei GRIN:

http://www.grin.com/de/e-book/158140/artikel-zimt-hilft-diabetikern

GRIN - Your knowledge has value

Der GRIN Verlag publiziert seit 1998 wissenschaftliche Arbeiten von Studenten, Hochschullehrern und anderen Akademikern als eBook und gedrucktes Buch. Die Verlagswebsite www.grin.com ist die ideale Plattform zur Veröffentlichung von Hausarbeiten, Abschlussarbeiten, wissenschaftlichen Aufsätzen, Dissertationen und Fachbüchern.

Besuchen Sie uns im Internet:

http://www.grin.com/

http://www.facebook.com/grincom

http://www.twitter.com/grin_com

Zimt in der adjuvanten Ernährungstherapie des Diabetes mellitus Typ 2

Zimt ist eines der ältesten Gewürze der Welt und gilt hierzulande als typisches „Weihnachtsgewürz". Neuerdings macht Zimt auch in der Ernährungsmedizin von sich Reden. Forscher haben herausgefunden, dass Zimt den Blutzuckerspiegel und die Blutfettwerte von Typ 2 Diabetikern deutlich senken kann. Zudem hat Zimt beziehungsweise sekundäre Pflanzenstoffe im Zimt einen Effekt auf die Blutlipide.

Ein botanischer Exkurs

Als Zimt bezeichnet man die getrocknete innere Rinde von Zweigen des Zimtbaumes, der zur Familie der Lorbeergewächse (Lauraceae) zählt (1, 2). Als Lieferanten für die Rinde werden hauptsächlich die drei folgenden Arten von Zimtbäumen genutzt, da diese nach Menge und Qualität des aus ihnen gewonnen Zimtes die ergiebigsten sind: Cinnamomum zeylanicum, Cinnamomum aromaticum und Cinnamomum burmanii. Cinnamomum zeylanicum, Ceylon Zimt oder Kaneel, stammt aus Sri Lanka (dem früheren Ceylon) und dem südlichen Indien. Weiterhin ist er auf den Seychellen, auf Madagaskar, Martinique, Jamaika, Cayenne und in Brasilien zu finden. Cinnamomum aromaticum, der als Chinesischer Zimt oder auch Cassia lignea bekannt ist, stammt aus der südlichen Region Chinas. Weitere Anbaugebiete sind Vietnam, Sumatra, Java und Japan. Cinnamomum burmanii, auch Padang-Zimt oder Cassia vera, ist in Indonesien beheimatet. Heutzutage wird er vor allem auf Sumatra angebaut (2). Bei der Zimternte werden die meist zweijährigen Schösslinge (Zweige) vom Zimtbaum abgeschnitten. Die Rinde der Schösslinge wird geringelt, geschlitzt und vom Holz abgezogen. Dann entfernt man die äußeren Korkschichten und Primärrinden, so dass nur noch eine dünne Innenrinde übrigbleibt. Mehrere der so erhaltenen Innenrinden werden ineinandergeschoben und getrocknet. Durch das Trocknen rollt sich die Rinde ein und man erhält die sogenannten „Quills", circa 1 cm dicke, röhrenförmige Stangen. Die „Quills" werden dann in gleichmäßig lange Stangen von ungefähr 10 cm geschnitten (1, 2, 3). Gewürzexperten und Feinschmecker schätzen den Ceylon-Zimt am meisten. Er schmeckt süßlich und feurig brennend. Je dünner die Rinde des Ceylon-Zimts geschabt wird, desto feiner und aromatischer entwickelt sich der Geschmack. Der China-Zimt ist vom Geschmack aromatisch süßlich, leicht adstringierend, etwas herber und weniger edel als Ceylon-Zimt. Die Rinde dieser Zimtsorte ist oft nicht so gut von den Kork- und darunterliegenden Schichten befreit wie die Rinde des Ceylon-Zimts, was den hohen Anteil an Gerbstoffen und damit den etwas herberen Geschmack erklärt. Padang-Zimt ist ebenso aromatisch und schmeckt würzig-brennend, aber feiner und kraftvoller als China-Zimt. Padang-Zimt ist von der Qualität her fast so gut wie der Ceylon-Zimt (2). Zimt enthält bis zu 4 Prozent ätherische Öle, außerdem noch Gerbstoffe und Stärken. Das Zimtaroma beruht im wesentlichen auf Zimtaldehyd, das in dem ätherischen Öl der Rinde zu 50 bis 80 Prozent enthalten ist. Am höchsten ist der Gehalt an Zimtaldehyd im chinesischen Cassiaöl. Zimtaldehyd kann auf einfache Weise auch synthetisch hergestellt werden. In reiner Form ist es dem Zimtaroma ähnlich, aber nicht gleich. Dass liegt daran, dass im Zimtöl noch weitere Substanzen enthalten sind: Eugenol (10 Prozent), Safrol (0 bis 11 Prozent), Linalool (10 bis 15 Prozent) und Campher (4, 5, 6, 7). Zimt enthält darüber hinaus das Polyphenol Methylhydroxy-Chalcone-Polymer (MHCP), welches nach neuesten Studien (8) eine positive Wirkung auf den Blutzuckerspiegel von Typ-2-Diabetikern zeigt. Verwendet wird Zimt in Stangen oder als Pulver zum Würzen von exotischen Gerichten, Süßspeisen, Kompotten, Gebäck und zum Aromatisieren von Getränken wie beispielsweise Glühwein, Likör, Punsch oder Tee. Zimt ist auch in Currypulver, in Leberwurstgewürz und in Lebkuchengewürz enthalten (1, 6). Als Heilmittel wird Zimt ebenfalls verwendet, denn die darin enthaltenen ätherischen Öle wirken antibakteriell, desinfizierend und entzündungshemmend. Zimt kann auch gegen Appetitlosigkeit und Verdauungsbeschwerden wie leichte, krampfartige Schmerzen im Magen-Darm-Bereich, Blähungen oder Völlegefühl helfen. In größerer Menge regt Zimt das Herz-Kreislauf-System an und kann bei regelmäßigem Verzehr den Blutzuckerspiegel bei Diabetes mellitus Typ 2 deutlich senken. Die dafür notwendige Menge liegt bei mindestens 1 Gramm und steigt in Studien auf 6 Gramm (1, 3, 8, 9). Da Zimt selbst ein gewisses Allergiepotential aufweist, sind MHCP-haltige wässrige Zimtextrakte im Rahmen der Diabetestherapie empfehlenswert.

Diabetes mellitus Typ 2
Schätzungsweise sind zirka 8 Millionen Menschen in Deutschland von Diabetes mellitus Typ 2, dem sogenannten Altersdiabetes, betroffen. Das sind rund 95 Prozent aller Diabetiker. Jedoch nicht nur ältere Menschen erkranken an dieser Form von Diabetes, sondern zunehmend auch viele übergewichtige Kinder und Jugendliche (9). Diabetes mellitus, zu deutsch: honigsüßer Durchfluss, ist eine Erkrankung des Gesamtstoffwechsels. Er entsteht dadurch, dass Zucker aus der Blutbahn nicht mehr oder nur unzureichend von den Körperzellen aufgenommen werden kann. Aus Zucker gewinnen die Zellen die Energie für den menschlichen Körper. Um den Zucker aus dem Blut aufnehmen zu können, benötigen alle Körperzellen das Hormon Insulin. Dieses Hormon wird in den Beta-Zellen der Langerhans´schen Inselzellen der Bauchspeicheldrüse produziert. Bei Diabetes mellitus Typ 1 kann der Körper kein Insulin mehr selbst herstellen, wohingegen bei Diabetes mellitus Typ 2 der Körper durchaus Insulin produzieren kann, welches aber in seiner Wirkung gestört ist. Die Folgen sind ein Ansteigen des Blutzuckerspiegels und spätere Schäden durch Folgeerkrankungen wie

beispielsweise Erblindung, Nierenversagen, Bluthochdruck, erhöhte Blutfettwerte und ein erhöhtes Herzinfarktrisiko (9, 10, 11). Diabetes mellitus Typ 2 entsteht durch eine relative Insulinunempfindlichkeit der Körperzellen, insbesondere in den Zellen der Skelettmuskeln, der Leber und des Fettgewebes. Gleichzeitig gibt es auch eine Störung der insulinproduzierenden Beta-Zellen in der Bauchspeicheldrüse. Die Neigung zu einer Insulinunempfindlichkeit ist zum Teil angeboren, wird aber auch durch Bewegungsmangel und Übergewicht ausgelöst (12). Damit die Körperzellen Zucker aufnehmen können, muss das Insulin an spezielle Rezeptoren, die an den Zellwänden sitzen, gebunden werden. Bei Personen mit Typ-2-Diabetes sind die Rezeptoren an den Körperzellen unempfindlich für das Insulin geworden. Aus diesem Grund müssen die Beta-Zellen in der Bauchspeicheldrüse immer mehr Insulin produzieren, damit die Körperzellen genügend Zucker aufnehmen können. Diese Vorstufe bezeichnen Wissenschaftler als eine „gestörte Glukosetoleranz". Mit steigender Menge des Insulins verkleinert sich die Anzahl der insulinbindenden Rezeptoren, so dass für eine ausreichende Zuckeraufnahme noch mehr Insulin produziert werden muss. Dieses wird von Fachleuten „Rezeptor-Down-Regulation" genannt. Irgendwann reicht die Insulinproduktion nicht mehr aus. Dann steigt der Blutzuckerspiegel des Patienten an, obwohl er einen hohen Insulinspiegel hat. (12, 13). Durch körperliches Training und eine verminderte Energiezufuhr werden wieder mehr Insulinrezeptoren im Körper gebildet. Dadurch können die Körperzellen besser Zucker aufnehmen und der Blutzuckerspiegel geht auf ein normales Maß zurück (13). In der Frühphase einer Erkrankung mit Typ-2-Diabetes ist häufig noch eine normale oder erhöhte Insulinkonzentration im Blut nachweisbar. Später, wenn die Krankheit schon fortgeschritten ist, beginnt eine langsame Zerstörung der Beta-Zellen. Der Körper kann dann kein Insulin mehr produzieren und der Patient muss sich das benötigte Insulin spritzen. Durch Ernährungstherapie und Bewegung kann ein Fortschreiten der Diabeteserkrankung bei Diabetes mellitus Typ-2 gemindert oder sogar gestoppt werden. Eine zusätzliche Möglichkeit ist dabei auch die Aufnahme von Zimt, denn in Zimt ist ein sekundärer Pflanzenstoff enthalten, der blutzuckersenkend wirkt. Diese Substanz heißt „Methylhydroxy-Chalcone-Polymer" (14, 15).

Zimt gegen Zucker

In einer aktuellen Studie der Universität Peshawar aus Pakistan unter Zusammenarbeit mit Wissenschaftlern des Beltsville Human Nutrition Research Centers aus Beltsville, USA, wurde von den Forschern Alam Khan, Mahpara Safadar, Mohammad Muzaffar Ali Khan, Khan Nawaz Khattak und Richard A. Anderson eine Senkung des Blutzuckerspiegels bei Einnahme von einem bis sechs Gramm Zimt täglich zu den Mahlzeiten beobachtet. Weiterhin konnten die Wissenschaftler feststellen, dass zusätzlich der Fettspiegel im Blut (Triglyceride) sowie der Gesamtcholesterinspiegel und das LDL-Cholesterin durch Zimt gesenkt wird (8). Die Substanz in Zimt, die diese positive Wirkung hat, wurde von Forschern aus Beltsville, USA, in weiteren Studien analysiert als „Methylhydroxy-Chalcone-Polymer", kurz MHCP (14). MHCP wirkt direkt am Insulinrezeptor der Körperzellen. Es hat eine insulinähnliche Wirkung und in Kombination mit Insulin hat MHCP eine synergistische, das heißt insulinverstärkende, Wirkung. Durch das „Andocken" des Insulins am Insulinrezeptor der Körperzellen wird eine Reihe von Signalen freigesetzt, die die Aufnahme des Zuckers aus dem Blut in die Zellen ermöglichen. Das MHCP beeinflusst vermutlich diese Signalübertragung, indem es auf bestimmte Enzyme, die daran beteiligt sind, einwirkt bzw. alleine schon durch das Eintreten in die Körperzelle oder durch das Passieren der Zellmembran eine Wirkung entfaltet. Dadurch wird die Insulinwirkung und somit die Aufnahme des Blutzuckers in die Körperzellen verbessert. Zusätzlich zu ihrer Wirkung auf den Zuckerstoffwechsel wirken sich die Signale des Insulinrezeptors auch auf den Fettstoffwechsel des Körpers aus. Deshalb hat der verbessernde Einfluss des MHCP auf die Signalübertragung ebenfalls eine positive Auswirkung auf den Fettstoffwechsel. Ist kein Insulin vorhanden, wirkt MHCP am Insulinrezeptor auf folgende Weise: es verringert die Insulinunempfindlichkeit des Rezeptors bei Typ-2-Diabetikern und fördert die Zuckeraufnahme in die Körperzellen. Als Insulinersatz kann das MHCP aber dennoch nicht verwendet werden, da die Körperzellen in erster Linie immer noch Insulin benötigen, um Zucker aufnehmen zu können (14). Die Zimtfraktion hat außerdem eine antioxidative Wirkung. Dieses bietet einen weiteren Vorteil für Typ-2-Diabetiker, denn Antioxidantien können vorbeugend gegen vorzeitige Zellalterung und Herz-Kreislauf-Erkrankungen wirken (16, 17).

Fazit

Typ-2-Diabetiker können durch die regelmäßige Einnahme von Zimt zu den Mahlzeiten zusätzlich zu ihrer jeweiligen Diabetestherapie ihren Blutzuckerspiegel sowie auch die Blutfettwerte günstig beeinflussen. Weiterhin kann Zimt auch eingenommen werden, um einer Insulinunempfindlichkeit vorzubeugen. Da die Therapie eine tägliche Einnahme von Zimt in höherer Dosis erfordert, erscheint die Gabe von standardisierten wässrigen Zimtextrakt-Kapseln aus der Apotheke sinnvoll. In diesen ist das ätherische Öl, welches zu Unverträglichkeiten führen oder Allergien auslösen kann, nicht mehr vorhanden und das MHCP liegt in hoher Konzentration vor. Außerdem sind die geschmacksneutralen Kapseln einfach zu verzehren. Die wichtigste Maßnahme bei Diabetes mellitus Typ 2 ist und bleibt aber ausgiebige Bewegung und eine angepasste gesunde Ernährungsweise. Da die meisten Typ-2-Diabetiker übergewichtig sind, hilft die Bewegung und gesunde Ernährungsweise nicht nur gegen die Insulinunempfindlichkeit der Körperzellen, sondern auch beim Abnehmen. Zusätzlich werden weitere Risikofaktoren wie Bluthochdruck und Fettstoffwechselstörungen günstig beeinflusst. (11)

Autor: Sven-David Müller, M.Sc., staatlich anerkannter Diätassistent und Diabetesberater der Deutschen Diabetes Gesellschaft, Wendenschloßstraße 439, 12557 Berlin, www.svendavidmueller.de

Unter Mitarbeit von Dipl. troph. Susanne Sonntag und Dipl. oec. troph. Claudia Reimers.

Literatur:

(1) Der Brockhaus „Ernährung", F. A. Brockhaus GmbH, Leipzig - Mannheim, 2001

(2) http://www.gewuerzindustrie.de/gewuerzkunde/Zimt.htm, Fachverband der Gewürzindustrie e. V., Bonn

(3) Lexikon der Ernährung: in drei Bänden / [Red. Udo Maid-Kohnert], Spektrum, Akad. Verlag, Heidelberg, Berlin, 2002

(4) www.ang.kfunigraz.ac.at/~katzer/germ/Cinn_zey.html Katzer, Gernot, Gewürzseite: Monographie Ceylon-Zimt

(5) http://www.chemikalienlexikon.de Firma Omikron GmbH, Neckarwestheim

(6) Belitz, H.-D. et al.: Lehrbuch der Lebensmittelchemie. 5., vollst. überarb. Aufl., Springer, Berlin, 2001

(7) Krusen, F.: Unsere Lebensmittel: Zusammensetzung, Verarbeitung, Nährwert. Behr´s Verlag, Hamburg, 1989.

(8) Khan, A. et al.: Cinnamon improves glucose and lipids of people with type 2 diabetes, Diabetes Care 2003, 26 (12): 3215

(9) Deutscher Gesundheitsbericht Diabetes 2003, Deutsche Diabetes Union, Kirchheim Verlag

(10) Müller-Korbusch, M.: Diabetes Manual. 2., überarbeitete Auflage, Thieme, Stuttgart, 2003

(11) Schauder, P., Ollenschläger, G.: Ernährungsmedizin. Prävention und Therapie. 2. Auflage, Urban & Fischer, München, Jena, 2003

(12) Mehnert, H. et al.: Diabetologie in Klinik und Praxis. 5., vollständig überarbeitete und erweiterte Auflage, Thieme, Stuttgart , 2003

(13) Kasper, H.: Ernährungsmedizin und Diätetik. 10., neubearbeitete Auflage, Urban & Fischer, München, 2004

(14) Jarvill-Taylor, K.J., Anderson, R.A., Graves, D.J.: A Hydroxychalcone Derived from Cinnamon Functions as a Mimetic for Insulin in 3T3-L1 Adipocytes. Journal of the American College of Nutrition, Vol. 20, No. 4, 327 – 336 (2001)

(15) McBride, J.: Cinnamon Extracts Boost Insulin Sensitivity. Agricultural Research Magazine, July 2000: 21

(16) Anderson, R.A, et al.: Isolation and characterization of polyphenol type-A polymers from cinnamon with insulin-like biological activity, J. Agric. Food Chem 2004, 52, 65 –70

(17) Imparl-Radosevich, J. et al.: „Regulation of PTP-1 and insulin receptor kinase by fractions from cinnamon: implications for cinnamon regulation of insulin signalling" Horm Res. 1998; 50: 177 – 182